知っているようで知らない会社の物語

コカ・コーラ

原著／カス・センカー　翻訳／稲葉茂勝　編集／こどもくらぶ

彩流社

はじめに

夏の暑い日、
キーンと冷えた炭酸飲料を飲みほしたことのある人は多いでしょう。
炭酸飲料とは、清涼感をあたえ、
のどのかわきをいやしてくれる炭酸入りの飲料のことです。
炭酸飲料は世界じゅうに数えきれないほどたくさんあります。
民族や国によって人の好みには、大きなちがいがあります。
気候や風土、文化、習慣などによっても、
どういう飲料が好まれるかは、大きくことなります。
そのため、世界の国ぐにで、
一番多く飲まれている炭酸飲料が何かを調べることは不可能かもしれません。
ところが……

下の10個の質問に〇か×で答えてください。

① コカ・コーラは、世界でもっとも多く飲まれている炭酸飲料である。
② コカ・コーラの名前は、コカの葉とコーラの実からきている。
③ かつて、コカ・コーラにはコカインが入っていた。
④ コカ・コーラの原料の調合法は現在でも秘密とされている。
⑤ サンタクロースの服装は、コカ・コーラの広告により世界じゅうに広まった。
⑥ コカ・コーラのボトルのデザインは、女性の体型をかたどったものである。
⑦ コカ・コーラ社は、FIFAが主催する2022年までの全大会のスポンサーである。
⑧ 「コーラ戦争」とは、コカ・コーラとペプシコーラの市場競争のことである。
⑨ 1985年、「ニュー・コーク」が大ヒットした。
⑩ かつて世界各地で起こった反コカ・コーラ運動の原因は、おもに水問題だった。

どうですか?
コカ・コーラについて、知らないことが多いのではないでしょうか(答えは32ページ)。
さあ、この本を読んで、
「コカ・コーラ」という飲料と、それをつくっている会社について、
もっと知ってみませんか。
知れば知るほど、そのすごさがわかりますよ。
そして、そのすごさを知ることで、
みなさん自身が、「コカ・コーラ」との関係を、より主体的に決めていけるようになるでしょう。

目次

1. コカ・コーラはトップランナーだ! ……………………… 4
2. 違法のコカインを連想させるが…… ……………………… 6
3. コカ・コーラとアメリカ人 ……………………………… 8
4. すぐれたキャッチコピー ………………………………… 10
5. コカ・コーラとスポーツ ………………………………… 12
6. 難局と発展 ……………………………………………… 14
7. 新しい市場、新しいドリンク ……………………………… 16
8. コカ・コーラ社の水問題 ………………………………… 18
9. 環境維持への挑戦 ………………………………………… 20
10. 企業の社会的責任(CSR) ……………………………… 22
11. コカ・コーラ社のリーダー、ムーター・ケント ……………… 24
12. 「Vision2020」とコカ・コーラ社の将来 ………………… 26
★ コカ・コーラをとおして考えるグローバリゼーション ……… 28
★ コカ・コーラ社の全体像 ………………………………… 30
❖ さくいん ………………………………………………… 31

この本のつかい方

会社について、12のテーマでくわしく解説。会社の成り立ちや成功への道、また直面した問題をどのように解決したかなど、さまざまなエピソードを紹介しています。

英語で書かれた部分が日本語ではどういう意味なのか、かんたんに説明しています。

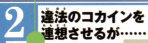
「支えた人」では、会社の設立や成功に大きく貢献した人びとについて、くわしく紹介しています。

「覚えておこう!」では、ビジネスに関する重要なキーワードについて解説しています。キーワードは、そのページで紹介しているエピソードにかかわるものです。

会社に関する貴重な写真などをたくさん掲載しています。

1 コカ・コーラはトップランナーだ！

コカ・コーラ社の製品は現在、世界じゅうで毎日17億杯飲まれている。この数字は世界の人口*の約4分の1にあたる。この数字から見れば、コカ・コーラは世界でもっとも多く飲まれている炭酸飲料といってもまちがいないだろう。

* 2014年9月現在約72億人。

コカ・コーラ社

コカ・コーラ社（ザ コカ・コーラ カンパニー）は、アメリカのジョージア州アトランタに本社をかまえる、アメリカで最大の会社のひとつ。巨大な世界企業として拡大しつづけている多国籍企業だ（⇒P28）。2012年には13万9600人の従業員をかかえ、200以上の国や地域で3500種類もの製品を販売している。コカ・コーラ社の驚異的な成功のもとは、社名となっている「コカ・コーラ」だ。

現在、コカ・コーラ社は、コカ・コーラを製造・販売することを事業の中心にすえているが、そのほかの炭酸飲料、ビタミンウォーター、ジュース、栄養ドリンクなど、さまざまな製品も世界各地で製造・販売している。

■ コカ・コーラ社製品の販売実績

1886年	1日に9杯
1902年	2億杯以上
1907年	10億杯以上
1910年	20億杯以上
1914年	40億杯以上
1919年	100億杯以上
1936年	1000億杯以上
1952年	2000億杯以上
1958年	3000億杯以上
1965年	5000億杯以上
1973年	1兆杯以上
1993年	4兆杯以上
2003年	6兆杯以上
2010年	6兆2000億杯以上

▲赤地に伝統的なガラス製のボトルとコカ・コーラの文字が組みあわさった現代のロゴマーク。

「曲線的な文字がつかわれたロゴマーク、真っ赤な色づかい、象徴的なボトルの形などにより、コカ・コーラは地球上でもっとも知られているブランドになった。このロゴマークは、歴史的に見ても、もっともわかりやすいもののひとつである」

ジェームズ・ウィートリー
（市場調査機関スワンプのクリエイティブプロデューサー）

覚えておこう！
100年変わらないボトル

コカ・コーラの特徴的なボトルは、1915年にデザインされた。それから100年がすぎた現在でも、そのデザインはほとんど変わることなくつかわれている（⇒P11）。

▲マレーシアのクアラルンプールにあるコカ・コーラの広告看板。

「コーラ」と「コーク」

　「コーラ」は、コカ・コーラをちぢめたよび名だと思う人がいるが、それはちがう。「コーラ」とはもともと、コーラの実（kola nuts⇒P6）から抽出した、ほろ苦い味のコーラ・エキスを用いてつくられた飲料のことだ。世界には、コカ・コーラのほかにも「ペプシコーラ」「ロイヤルクラウン・コーラ」など、コーラ飲料はいくらでもある。それらを製造する会社は、独自に香味料などを加えて、独自の製品を開発している。
　一方、「コーク」という言葉が世界の共通語となっているが、それはコカ・コーラの愛称である。世界じゅうで、「コークをください」と注文すれば、コカ・コーラが出てくるという。

覚えておこう！
コカ・コーラに対抗して

　日本には「ガラナ」という炭酸飲料がある。これは、炭酸飲料といえばラムネやサイダーだった昭和30年代に全国清涼飲料協同組合連合会が、コカ・コーラに対抗するためにコーラの実によく似たブラジル産のガラナの実から開発したものだ。しかしその後、日本じゅうでコカ・コーラが大人気になると、ガラナの生産は低調になった。いまではほとんど北海道でしか見ることができなくなった。しかし、道内ではカロリーゼロのものなど、ガラナの新商品も登場している。

▶北海道で根強い人気をほこるガラナ。

2 違法のコカインを連想させるが……

ジョン・ペンバートンは、コカの葉とカフェインをふくむコーラの実などを原材料につかって飲みものを開発した。コカの葉にはコカインがふくまれていた。しかし、現在のコカ・コーラには一切ふくまれていない。

▲南米のペルーやボリビアでは、コカの葉は一般にお茶として飲まれている。

ジョン・ペンバートンが発明

コカ・コーラは、1886年、アメリカのアトランタでジョン・ペンバートンによって発明された。彼は薬局で、コカ・コーラを慢性的な病気に効果のある健康ドリンクとして販売した。それには、微量だがコカインが入っていたので、頭痛をやわらげ、脳と神経系統に効能があるとうたわれた。

ペンバートンが地元の薬局でコカ・コーラシロップ（原液）を売りはじめてまもないころのことだ。彼は、そのシロップをソーダ水（炭酸水）でわって販売。すると、それが大人気となった。

ところが、その後コカインが法律で禁止され、コカ・コーラからコカインがとりのぞかれた。医学的な効能をうたうこともなくなった。

なお、コカ・コーラシロップの成分は、当時から現在にいたるまで秘密とされている。

▲コーラの実はアフリカの熱帯雨林でとれる。

支えた人
フランク・ロビンソン

「コカ・コーラ」という名前は、その成分であるコカの葉とコーラの実をあわせてつくられたもの。名前を決めたのは、ペンバートンの友人で、当時コカ・コーラ販売会社の経理担当だったフランク・ロビンソンである。彼はそれを筆記体で書きとめ、それが長く親しまれるコカ・コーラのロゴマークになったのだ。

◀ジョン・ペンバートン。アトランタにあるコカ・コーラ社の博物館の前には、彼の銅像が立っている。

Delicious and Refreshing Beverage

　ジョン・ペンバートンは1886年、炭酸入りのコカ・コーラを販売する際、「おいしく、さわやかな飲料」というキャッチコピーをつかった。そのコピーが人びとの気持ちをつかみ、コカ・コーラは大ヒット。

　ところがペンバートンは、成長しつつあったビジネスを、アトランタの薬剤師エイサ・キャンドラーに売却してしまった！

Delicious-Refreshing（おいしく、さわやか）という言葉とともに、Thirst-Quenching（のどのかわきをいやしてくれる）と書かれている。

▶1913年のコカ・コーラの広告。

支えた人
エイサ・キャンドラー

　薬局のビジネスで成功し、薬剤を製造・販売していたキャンドラーは1888年に、ペンバートンからコカ・コーラのビジネスを引きついだ。彼はコカ・コーラの製造に関する特許をとり、1892年にコカ・コーラ社を設立。彼はコカ・コーラ社の創業者となったのだ！

　1893年には「コカ・コーラ」という名称を商標登録した（法律で他人がつかえないようにした）。まもなくしてキャンドラーは、飲料を製造する工程の改善を実行。それ以降、コカ・コーラ社は急成長し、アメリカ南部でもっとも成功した会社となった。

　1895年までには、コカ・コーラはアメリカ国内のすべての州で販売されるようになっていた。売上は、1890年の3万4000リットルから1900年の140万3922リットルへと急増した。

▼カレンダーをつかった宣伝はコカ・コーラを世に広めるためのよい方法だった。

覚えておこう！
コカ・コーラ社の宣伝手法

　創業当初から、コカ・コーラ社はコカ・コーラという炭酸飲料をアメリカ人のライフスタイルに結びつけようと、宣伝広告を積極的におこなった。当時の広告につかわれた絵は、典型的なアメリカ人がふだんの生活のなかでコカ・コーラを飲んで休けいするようす。すなわちコカ・コーラはごくふつうの飲みものだという意識を人びとに植えつけたのだ。

3 コカ・コーラとアメリカ人

エイサ・キャンドラーは1899年、売上拡大のために巧妙な戦略を立てた。一方で、ブランドを守るために、コカ・コーラの調合法は最重要機密とした。

「コカ・コーラシステム」の完成

キャンドラーは、びんにコカ・コーラを入れて販売する権利（ボトリング権）を、ベンジャミン・トーマスとジョセフ・ホワイトヘッドが経営するテネシー州の会社に売却した。販売権利を得た2人は、1906年、アメリカ国内だけでなく、カナダ、キューバ、パナマでも製造・販売を展開。ただし、それぞれの国では、調合されたコカ・コーラシロップ（原液）をコカ・コーラ社から買い、それで製品を製造するシステムがとられた。シロップの調合法は、決して明かされることはなかった。すなわち、それぞれの会社は、コカ・コーラを自社で製造して販売するのではなく、原料はコカ・コーラ社から購入しなければならなかったのだ。こうしたシステムは「コカ・コーラシステム」とよばれている。

▲第二次世界大戦の最前線でコカ・コーラを飲みほすアメリカの兵士たち（1944年イタリア）。

覚えておこう！
コカ・コーラを飲む兵士たち

1943年、コカ・コーラを飲んだ兵士は士気が高まり、また、アルコールを飲む量が減ったという報告が出された。これを受けて、アーネスト・ウッドラフ（⇒右ページ）は、「われわれはすべての兵士に対し、どこで戦っていようともコカ・コーラ1びんを5セントで提供する」と宣言。移動用のボトリング設備がアジア、ヨーロッパなどに運ばれた。コカ・コーラは、アメリカの戦争に貢献したのだった。

1919年の買収

　1919年、コカ・コーラ社の所有者が変わった。アトランタのビジネスマン、アーネスト・ウッドラフが率いる投資家グループに買収されたのだ。結果、アーネストの息子、ロバート・ウッドラフが1923年から1955年までの長期間にわたり、コカ・コーラ社の社長と会長をつとめる。

　ウッドラフ親子は大規模でたくみな広告キャンペーンをおこなった。1921年「Thirst Knows No Season（のどのかわきは季節を問わない）」というキャッチコピーを打ちだし、暑い季節以外にもコカ・コーラを売ろうとした。

　1930年代になると、そうした考えからコカ・コーラとサンタクロースとが結びついていった。

　そのころは、コカ・コーラとそっくりなペプシコーラ（⇒P14）と、はげしい販売合戦をくりひろげていた。この競争に勝つために、そうした広告が欠かせないものになっていた。

▲「サンタ帽をとって、リフレッシュタイム！」
ハッドン・サンドブロムがつくりだした陽気なサンタクロース。サンタの上着の赤い色が会社のロゴマークの色と一致。1930年代以降、コカ・コーラ社の宣伝に貢献した。

覚えておこう！
サンタの赤い服

　サンタクロースといえば赤い服を着て太っていて、白い立派なひげのおじいさんといったイメージがある。1931年にコカ・コーラ社は、広告にサンタをつかうことを決定。イラストレーターのハッドン・サンドブロムにサンタのデザインを依頼した。その後、赤い服を着たサンタが、おもちゃを運び、子どもたちと遊び、そしてコカ・コーラを飲むようすをえがいた広告を発表。広告は、雑誌、店の展示、カレンダーや看板などにどんどん登場した。ただし、このサンタのイメージはコカ・コーラの広告にえがかれたよりも前に存在していたという説がある。その証拠のひとつに、1914年の『子供之友』という児童雑誌にも、現代のサンタとまったく同じイメージでえがかれている。それでも、赤い服のサンタのイメージを世界じゅうに広めたのは、コカ・コーラであるといってもまちがいはないだろう。

◀『子供之友』1914年12月号に掲載されたサンタクロースの絵。

4 すぐれたキャッチコピー

第二次世界大戦が終わると、コカ・コーラ社は、さらに拡大しはじめる。その原動力は、広告のたくみさだった。コカ・コーラ社は、他社の製品を買いとっては新しいパッケージをほどこし、コカ・コーラ社のスタイルで発売した。

黒人によるマーケティング

戦争が終わり、テレビ放送がはじまると、コカ・コーラ社はすぐにテレビを利用した宣伝広告を開始。1950年、はじめてのテレビCMを流した。

当時、アメリカの広告業界では、黒人が仕事をすることはほとんどなかった。そうしたなか、コカ・コーラ社では、アフリカ系アメリカ人がマーケティングで活躍しはじめたのだ。アフリカ系アメリカ人のほうがコカ・コーラをよく飲むと考えられたのがその理由だった。

赤と白の新しいロゴマーク

1969年になって、会社は新しいロゴマークのデザインを採用した。そして、「It's the Real Thing（それが本物だ）」というキャッチコピーが登場。それ以前のコカ・コーラの宣伝文句とともに、コカ・コーラのイメージが人びとに定着していった。

1979年には、人気アメリカンフットボール選手のジョー・グリーンが、スタジアムで自分のジャンパーを少年に投げあたえるCMが若い人に受け、話題になった。

▼コカ・コーラのCMにつかわれた「I'd Like To Teach The World To Sing（愛するハーモニー）」という歌の題名をもじったキャッチコピーと、右下に五輪マークとともに「オリンピックの精神をリフレッシュする」と書かれた看板。

▼1915年、コカ・コーラのボトルのイメージが決まった。

| 1899-1902 | 1900-1916 | 1915 | 1957 | 1961 | 1991 | 1993 | 2007 |

コカ・コーラの容器

コカ・コーラの容器のデザインは何度も形とサイズを変えてきたが、1915年の特徴あるデザインは基本的にはまったく変わっていない。

- 1915年、伝統的なガラス製のボトルが登場。
- 1960年、スチール缶が導入された。こわれにくいため製品の流通が容易になった。
- 1968年、ガラス製だが、返却できない形状のボトルが導入された。
- 1978年、リサイクルできるペットボトルが採用された。

なお、コカ・コーラの独特のびんは、当時流行した女性のスカートを参考にデザインされたものといわれたり、女性の体型をあらわしているなどとうわさされたりするが、事実ではない。数多く出まわったコカ・コーラのにせものとの差別化をするために、複雑な形状にしたといわれている。

「ファンタ」「スプライト」を買収

企業が生きのこるためには、多様性をもつこと、すなわち、ことなった分野に足をふみいれることが必要である。コカ・コーラ社も例外ではない。コカ・コーラの人気だけにたよっているわけにはいかないのだ。コカ・コーラ社は、ソフトドリンクをあつかうほかの会社を買収していった。

1946年にファンタ、1961年にスプライト、1963年にはタブコーラ（ダイエットドリンク）などをつぎつぎに買収。さらにかんきつ類ジュースの分野にも参入した。1960年にミニッツメイド社を、1966年にはフレスカを吸収合併した。

支えた人

ビル・バッカー

広告会社のマッキャンエリクソンのクリエイティブディレクターだったビル・バッカーは、1971年にコカ・コーラのキャンペーンにたずさわっていた。1月のある寒い日のこと、バッカーが搭乗したイギリス行きの飛行機が悪天候によりアイルランドに着陸。翌朝、空港でバッカーは、その機の乗客たちがコカ・コーラのボトルをもってしゃべっているのを見かけた。そこでひらめいたのが、「Let's have a Coke.（コークを飲もう）」という言葉が「ちょっと仲よくしよう」という意味につかえること。そして、バッカーは「I'd Like to Buy the World a Coke.（世界じゅうにコークを買ってあげたい）」というキャッチコピーを思いついた。それがテレビで流されるようになると、大ヒット。その後、史上最高のCMのひとつとまでいわれた。

5 コカ・コーラとスポーツ

コカ・コーラ社はスポーツ大会とエンターテインメント産業を後援してきた。
イベントに資金を提供し、それと引きかえに、そのイベント会場で自社商品を大きく広告するのだ。

オリンピック会場で販売できる唯一の会社

企業がスポーツ大会などを後援するのは、注目を得られる最高のチャンスだからだ。試合を見る人は企業の広告やロゴマークをいやおうなしに目にすることになる。健康的な活動を応援する企業のイメージはあがり、企業のブランド力がアップする。

ロバート・ウッドラフが会長だったころ、コカ・コーラ社は、1928年のアムステルダムオリンピックで小さな売店を出店。それ以降、スポーツ大会への協賛を続けてきた。1932年のロサンゼルスオリンピックや、1936年のナチス政権下でおこなわれたベルリンオリンピックのときも、コカ・コーラ社が協賛。オリンピックが回を重ねるごとに、コカ・コーラ社の宣伝はどんどん大きくなっていった。会場での商品販売も派手におこなわれるようになった。

1992年のバルセロナオリンピックでは、聖火リレーを後援。21世紀に入ると、コカ・コーラ社はオリンピックにソフトドリンクを独占的に提供するようになった。オリンピックの大会会場で、ソフトドリンクを販売できる唯一の会社となったのだ。

下の写真の男女のランナーの後ろにえがかれているのは、コカ・コーラの泡。2012年のロンドンオリンピックを後援するためにコカ・コーラ社が作成した壁画だ。

FIFAワールドカップなど

　1950年代には、コカ・コーラ社はサッカーのFIFAワールドカップでも宣伝広告を開始。1976年、FIFAとのあいだでスポンサー契約を締結した。その契約は更新されつづけ、2007年から2022年までのFIFAが主催するすべての大会でスポンサーとなる契約がかわされた。これは、コカ・コーラ社が資金やモノ、サービスの提供をおこなうことで大会を支えるかわりに、FIFAワールドカップとコカ・コーラ社を強く結びつけるという世界規模の巨大なキャンペーンである。この契約により、コカ・コーラ社は、大会会場だけでなく、FIFAワールドカップ関連のCMや音楽、インターネット上の宣伝広告などもおこなえるようになった。また、自転車競技のツール・ド・フランス、バスケットボール、カーレースなどでもスポンサーになっている。1998年には、全米プロバスケットボール協会とのあいだで、なんと100年間の協力関係を結んでいる。

エンターテインメント産業では

　コカ・コーラ社は、エンターテインメント産業にも大きな影響をおよぼしている。アメリカのテレビタレントショー「アメリカン・アイドル」、アップル社のiTunes、アメリカの民放テレビ局ブラック・エンターテインメント・テレビジョンなどのスポンサーとなっている。
　このように多方面とかかわることで、コカ・コーラ社は、大衆へ自社のメッセージを確実に届けている。

▲コカ・コーラ社がスポンサーであると一見してわかる（アメリカのカーレース「NASCAR」）。

「わたしたちは、イギリスにおけるソフトドリンクの販売をのばすために、顧客との長期にわたるカテゴリー計画を打ちたてることに力をそそいできた。2012年のロンドンオリンピックにおけるスポンサー契約は、わたしの計画を活性化してくれるはずだ」

サイモン・バルドリー
（コカ・コーラ・エンタープライズ元マネージングディレクター）

6 難局と発展

コカ・コーラ社は、莫大な宣伝広告費をつかって他社と競争し、コカ・コーラが批判されたときは、たくみな戦術で批判をかわして業績をのばしてきた。

「コーラ戦争」とは？

1975年、ペプシコーラを販売するペプシコ社は、「ペプシチャレンジ」という挑戦状をコカ・コーラにつきつけた。消費者に商品名をふせて、ペプシとコカ・コーラを飲みくらべてもらうというものだ。ペプシコ社は、消費者はペプシの味を好んだと主張した。実際に、ペプシコ社の業績は上向いた。それでも、コカ・コーラは販売量でペプシを上回っていた。このときの両者の競争は「コーラ戦争」とよばれている。

コカ・コーラの健康問題とは？

かつて1970年代から1980年代前半にかけて、日本でよくいわれた話として、「コカ・コーラを飲むと骨がとける！」というのがあった。当時コカ・コーラ社は、コカ・コーラを飲みつづけても、骨がもろくなったりとけたりすることはないと、パンフレットを制作して説明した。

また、どの国よりも1人あたりのコカ・コーラの消費量が多いメキシコでは、コカ・コーラの消費量が増えるにしたがって肥満の人が急増することが以前から問題になっていた。そして2013年、消費抑制運動が再燃。これは、国連食糧農業機関（FAO）がまとめた世界の食糧事情に関する統計でメキシコがアメリカをぬいて世界一の肥満国に浮上したことによる。これに対してコカ・コーラ社は、体重の増加はコカ・コーラを飲むからではなく、かたよった食生活と運動不足の結果だと主張。ところが、コカ・コーラ社も無糖で低カロリーの製品を提供せざるを得なくなっている。

▶1993年からつかわれた広告。シロクマが登場するテレビアニメは、世界的に有名。

覚えておこう！

ペプシコーラ

ペプシコーラは、1894年にアメリカのノースカロライナ州の薬剤師ケイレブ・ブラッドハムが売りだした飲料が起源。当初ふくまれていた消化酵素のペプシンにちなんで、1898年に商品名をペプシコーラとした。

▼オーストラリアのシドニーにある、伝統的なコカ・コーラの広告。

最近のクロスメディアキャンペーン

　コカ・コーラ社は、最近では映画、新聞、雑誌、テレビ、ラジオ、広告看板、インターネットのバナー広告、グーグル、ユーチューブなど、複数のメディアをつかっての宣伝（クロスメディアキャンペーン）に余念がない。クロスメディアでおこなう広告は、これまでの広告活動よりはるかに大きな影響をもたらす。自分自身の言葉をのせることができるインターネットがとくに重要だという。2008年にコカ・コーラのフェイスブックページを立ちあげたところ、「いいね！」の数が、2012年7月までに4270万件をこえた。

インターネットでマーケティング

　マーケティング担当副社長ウェンディ・クラークは、広告は伝統的な手法がよいと考えてきた人物だが、若い人たちに向けて、新しい話題をとりあげることのたいせつさも理解している。
　彼女はいま、インターネット上のマーケティングが消費者をつかむ最良の方法だと考えている。そこから得られた新しいアイディアをすぐにためすことが不可欠だともいっている。
　2010年に南アフリカ共和国で開かれたFIFAワールドカップの際、ソマリアの人気ラッパー、ケイナーンが歌う「Wavin' Flag」を広告につかったのも、その一例だった。

7 新しい市場、新しいドリンク

東西冷戦も終わった1980年代になると、新製品「ダイエット コカ・コーラ」が売上ナンバーワンとなる。その後も、コカ・コーラファンだけでなく、スポーツファンや健康志向の消費者を満足させるドリンクをどんどん発売してきた。

▲ロシアの首都、モスクワにおけるコカ・コーラの広告看板（1997年）。

冷戦終結とともに

コカ・コーラ社は1985年、ソ連（現在のロシア）でボトリング（⇒P8）を開始。1989年ベルリンの壁がこわされた翌年の1990年には、東ドイツでもコカ・コーラの販売がはじまった。1991年にはソ連が崩壊し、ついに東西冷戦時代が終わりをむかえた。すると、それまで社会主義のもとにいた人びとが先をあらそうようにして資本主義のモノやサービスに手をのばした。コカ・コーラは、資本主義社会のライフスタイルの典型とみなされ、人気が急激に高まっていった。

ダイエット コカ・コーラ

無糖で低カロリーの「ダイエット コカ・コーラ」が1982年、満を持して発売された。その背景には、当時ペプシコ社の「ダイエットペプシ」が市場を独占していたことがあげられる。しかし、「ダイエット コカ・コーラ」が市場に登場すると、一気に競争相手を圧倒。世界でもっとも人気のある低カロリー飲料となった。

▼ポーランドのボトリング工場で働く従業員。

失敗と修正

　1970年代半ば、ペプシコ社はペプシコーラとコカ・コーラの比較広告を開始。実際いろいろな市場調査や味覚調査がおこなわれ、ペプシコーラが優位に立った。そこで、コカ・コーラ社は「カンザス計画」を秘密のうちに実行。これは発売100周年の1986年を前にコカ・コーラの味を根本的に変えるという冒険だった。こうして1985年4月、「ニュー・コーク」を発売した。ところが、消費者はその味にそっぽを向き、コカ・コーラ社には苦情や抗議が殺到。結果、わずか79日後に、もとの味にもどした「コカ・コーラ クラシック」が発売された。

「ニュー・コークについての消費者調査に時間も資金も努力もつぎこんだが、オリジナルのコカ・コーラへの消費者の不変の深い愛着心に気づくことはできなかった」

ドナルド・キーオ
（コカ・コーラ社元社長兼最高執行責任者）
1985年

世界市場占有率の上昇

　「ニュー・コーク」で失敗したのち、コカ・コーラ社の企業戦略は、より念入りなものになっていった。そうして、1992年に発売したのが、オリンピックの公式スポーツ飲料に選ばれた「パワーエイド」だ。1999年にはウォーターブランド「ダサニ」を発売。健康ドリンク市場で人気をよんだ。子ども用のフルーツ飲料「クー」は1999年からアジア市場で売りだされ、一気に人気に火がついた。その後、コカ・コーラ社は、インドの「マーザ」「サムズアップ」や「リムカ」、アメリカのバークスの「ルートビア」、ペルーの「インカ・コーラ」などをとりこんで、コカ・コーラ社製品の世界市場占有率をどんどん高めていった。

支えた人

ロベルト・ゴイズエタ

　1931年、キューバの裕福な家庭に生まれたロベルト・ゴイズエタは、アメリカのエール大学で化学エンジニアリングを学んだ。卒業後、キューバのハバナのコカ・コーラ社が化学エンジニアを募集した際に応募し、採用された。1961年にキューバで社会主義政権ができると、ゴイズエタはアメリカへ亡命。コカ・コーラ社の本社で、技術部門から出世階段を一歩一歩のぼっていった。1981年には、ついに会長兼最高経営責任者（CEO）となった。ゴイズエタは「Coke Is It!（コークこそが求めていたものだ！）」のキャッチコピーをつくり、ダイエットコカ・コーラを開発したことで知られた。

▲ 右の円グラフは、2011年のソフトドリンク市場に占める会社の割合（売上による）。また、2013年時点でコカ・コーラが公式に販売されていないのは、北朝鮮とキューバのみとされている。

8 コカ・コーラ社の水問題

ずっと完ぺきでありつづける企業はない。コカ・コーラ社も例外ではない。人権侵害、水のつかいすぎ、水質汚染などで、さまざまな批判を受けた時期もあった。そうした時期を乗りこえて、いまでは世界一流の企業になっているのだ。

コロンビアの工場で

1990年代、コロンビアのカレパにあるコカ・コーラのボトリング工場で、賃上げの要求をおこなっていた労働組合の組合員が死亡する事件が発生。組合側は、工場のマネージャーが民兵をやとって労働組合の指導者を殺害したとして告発した。一方、仲間が殺害されたことによって組合員はこわくなり組合をやめた。こうしたなか、そのマネージャーは賃上げどころか給料の切り下げをおこなったという。その後、労働組合側はアメリカの裁判所に対し、アメリカのコカ・コーラ社の責任を追求した。しかし、その訴訟は組合側の敗訴に終わった。

「そのとおりだ!」という意味。

「なぜなら戦争に資金援助しているからだ」と書かれている。

「コカ・コーラを飲むな」と書かれている。

▲コカ・コーラへの反対をうったえるコロンビアのポスター。スペイン語で書かれている。

▲「コカ・コーラは出ていけ」のプラカードをもつインドの女性。

エルサルバドルとインドの水問題

　水のつかいすぎの問題もあった。2000年代初頭、エルサルバドルのネジャパでは、地元の人びとが飲用や洗濯用につかっていた川の水をコカ・コーラのボトリング工場がうばいとったのだ。しかも工場廃水を川に流した。魚が死に、水は汚染されて飲めなくなった。結果、水のタンクが設置されたが、人びとは水の使用料金を支払わなければならなくなった。

　一方、2006年、インドの女性たちは、コカ・コーラのボトリング工場が水をよごしたとして工場の閉鎖をうったえた。また、ある村のボトリング工場の近隣では、2009年に干ばつにおそわれ、村の人びとは日常生活や農業に必要な水を確保するのにもこまった。それでもボトリング工場は、大量の水をくみあげつづけた。それにおこった住民がコカ・コーラに強く抗議したのだ。

「コカ・コーラ社は、工場の近隣地域の状況を無視して、公共の資源である地下水を大量にくみあげつづけている。そのため、地域では基本的な水の需要、すなわち農作物にあたえる水や基本的な日常生活に必要な水を確保するのに苦しんでいる。とくにひどいのは、地域の水不足がもっとも深刻になる夏の時期に最大量の水をつかっているということだ」

コカ・コーラ社に抗議する、インド・リソースセンターの2009年の報告より。

コカ・コーラ社の対策は?

　アメリカのコカ・コーラ社では、こうした世界のボトリング工場の問題について、水の管理計画を開始。これは、生産工程につかう水を減らし、水のリサイクルと地域への水供給をおこなうというプロジェクトだ。

　現在そうしたプロジェクトが各国で進められている。また、コカ・コーラ社は、2020年までに少なくとも600万人のアフリカ住民のための上水道と公衆衛生設備を提供するとも発表した。

9 環境維持への挑戦

21世紀になると、資源のつかいすぎやごみ処理といった環境問題が深刻になった。コカ・コーラ社でも地球環境を考えながら、どのように販売実績をあげられるのかが重要課題になっている。

新商品と環境対策のための技術開発

2007年にはコカ・コーラ社はさまざまな強化水（ビタミンなどを添加した水）を生産するエナジーブランド社を買収。一方、コカ・コーラ社自体も技術開発を強化してきた。2005年には「コカ・コーラ ゼロ」を発売している。

2009年になると、コカ・コーラ社は、植物性素材のペットボトルを導入。サトウキビと糖液（砂糖製造の副産物）を最大で30％までつかったペットボトルは、再生可能であり、リサイクルできるものだった。一方ペプシコ社は2011年に、世界初の100％植物性素材のペットボトルを翌年の2012年から利用すると発表した。

このように技術開発は、新しい商品開発のためだけでなく、環境問題へのとりくみを進めるためにも大きく貢献している。なお、その背景には他社との競争があることは、いうまでもないことだ。

▲メキシコのコカ・コーラのボトリング会社が運営するリサイクル工場で、ペットボトルが分類されているところ。

もうひとつの環境対策

2011年、コカ・コーラの陳列用のラック（棚）が新しく登場。これは、自立式の段ボール製ラックで、100％リサイクルができる。便利なラックだというだけでなく、環境を考えた陳列の方法だともいえる。

「100％リサイクル可能な段ボール製の陳列用ラックをつくりました。コカ・コーラ社は、コンビニエンスストアなどに対し、このラックをつかうことで、環境対策活動に参加するよう求めています。それは、消費者に対し、容器を返却してくれるようお願いするのと同じ意味です」

ゲイリー・ワイガント
（コカ・コーラ社リサイクリング部門ビジネス開発担当副社長）

◀ コカ・コーラ社の容器にどれだけリサイクルされた素材がつかわれているかをしめす図。どの容器も100％リサイクル可能。

支えた人

シェル・ファン

コカ・コーラ社で働くシェル・ファンは、環境問題への意識が高い人物だ。ハイブリッド車を運転し、家庭ではリサイクルを心がけ、職場でもコカ・コーラ社の製品をもっと環境にやさしいものにしようといつも考えてきたという。彼女のチームが開発した植物性素材のボトルは100％リサイクル可能だが、自然に分解されるものではない。ファンの最終的な目標は、バクテリアなどによって自然に分解される素材のペットボトルを開発することだという。

覚えておこう!
日本の4つのR

日本は、世界のなかでもっとも進んだ形でリサイクルがおこなわれている国のひとつだ。つぎの4つのRをうまくおこなっている。

■減らす（Reduce）
- 買いものの量を減らす。
- 必要なものや、つかう予定のものだけを買う。

■修理する（Repair）
- こわれたものについて、修理できるかどうか調べる。
- くつや服がすりきれたときは、修理できるかどうか調べる。

■再利用する（Reuse）
- 空のペットボトルやプラスチック容器の再利用方法として、植木ばちにしたり、食べのこしたものを入れておくケースにしたり、宝石箱にしたりなどを考える。
- 服、本、おもちゃ、そのほかいらないものを、チャリティーに提供する。
- まだつかえるものを引きとってほかの人にゆずるような活動をしている団体がないか探す。
- 包装紙をとっておいて、再利用する。

■リサイクルする（Recycle）
【紙】
- いらない郵便物、折りこみ広告、新聞、雑誌をリサイクルする。
- プラスチックや金属をふくんだ紙を分別する。

【ガラス】
- リサイクルする前にあらう。
- われた鏡などはリサイクルできないので、びんとは分別する。

【缶】
- リサイクルする前にあらう。
- ラベルは容器からはがして、紙としてリサイクルする。
- 平らにつぶしてからリサイクルに出す。

【ペットボトル】
- ペットボトルとふたを分別して、別べつにリサイクルに出す。
- ペットボトルは平らにつぶしてからリサイクルに出す。

10 企業の社会的責任（CSR）

CSRは会社が自身の活動に責任をもち、社会と環境に対しよい影響をあたえようとするとりくみのこと。近年のコカ・コーラ社は積極的にCSRにとりくんでいる。

コカ・コーラ社のCSR

2010年、カリブ海にあるハイチが巨大地震におそわれ、以前から貧しかった人びとがより困難な生活をしいられた。

コカ・コーラ社は「ハイチ・ホープ・プロジェクト」をスタート。5年間にわたって約8億円を拠出し、2万5000世帯のマンゴー農家を支援した。このプロジェクトによって、マンゴー農家の収入が2倍になることが期待されている。

一方、コカ・コーラ社は、現在、中国で約40のボトリング工場を運営している。それらのほとんどが、汚染がひどい長江沿いにあるため、水質を守るためのさまざまな活動にとりくんでいる。たとえば養豚農家に、ブタの排せつ物を川に捨てるのではなく、それをつかってバイオガスエネルギーを生みだすように働きかけるなどしている。

なお、現在コカ・コーラ社は、世界自然保護基金に参加し、中国にかぎらず、環境を保護する試みを続けている。

覚えておこう！
CSRのメリット

企業にとって利益を優先させるのではなく、社会に対する責任を果たし、環境対策などを積極的におこなうことは、長期にわたってその企業が成長していくことにつながると考えられている。そうすることで、コストの削減や技術革新、そして企業イメージのアップにつながるなど、さまざまなメリットがあるといわれている。

▲地震後のハイチにおける救援活動。コカ・コーラ社による「ハイチ・ホープ・プロジェクト」は長期的な視野で農家への支援を続けている。

▲コカ・コーラのボトルを発送用のケースに入れる作業員（インド）。世界じゅうのコカ・コーラ社の製品のおよそ85％は、リサイクル可能な容器に入れられて販売されている。

インドでのCSR

　コカ・コーラ社はインドのラージャスターン州で、雨水を集めて地下水にもどしたり、工場からの廃水を処理して自然にもどすといったプロジェクトをおこなっている。また、容器の使用量を減らすため、莫大な費用を費やして、使用後に再生・再利用できるシステムをつくり、2005年には、インドじゅうでペットボトルのリサイクルを開始した。それによって、消費者から使用ずみのペットボトルを回収する仕事もつくりだし、人びとに働く機会を提供している。

覚えておこう！
グリーンウォッシング

　コカ・コーラ社のCSRに対し、「コカ・コーラ社は環境にやさしいというイメージを植えつけようとしているが、実際は環境を破壊しつづけている」という声があがっている。コカ・コーラ社はグリーンウォッシングをしているというのだ。「グリーンウォッシング」とは、環境に対して配慮をしているようによそおいごまかすことをいう。インドでは、コカ・コーラ社が水不足を引きおこしていることに反対するデモが起きた（⇒P19）。彼らは、コカ・コーラ社のCSRは、会社がつかっている水のうめあわせにもならないという。はたして、コカ・コーラ社は、本当に全力でCSRにとりくんでいるのだろうか。それともグリーンウォッシングなのだろうか。

11 コカ・コーラ社のリーダー、ムーター・ケント

ムーター・ケントは1952年、アメリカのニューヨーク生まれ。
2008年7月、前任のネビル・イズデルの退任にともない最高経営責任者（CEO）に就任。
「コカ・コーラは肥満のもと」といった批判にさらされながらも「Vision2020」を発表した。

どんな人物？

ムーター・ケントは、トルコ共和国の外交官の息子としてニューヨークで生まれた。イギリスで学び、アメリカにもどる前に世界じゅうを旅してまわった。1978年、彼は新聞でコカ・コーラ社の配送トラック運転手募集の広告を見つけ、国じゅうを移動する大変な仕事であることを知りながら、応募。そして、トラック運転手となった。

彼はアメリカじゅうをまわり、販売と流通、コカ・コーラシステム（⇒P8）のすべてを身をもって徹底的に学んだ。

もともとイギリスのビジネス・スクールで経営学修士（MBA）を取得していた彼は、そうして働いているうちにコカ・コーラ社の出世階段を1歩ずつのぼりはじめた。長いコカ・コーラ社での社歴のなかで、彼は、トルコ、中央アジア、ロシア、中国、日本など世界じゅうの広範囲を管理する重要な役職についてきた。

▼中国の上海にあるコカ・コーラ社技術センターでサンプルを試飲するムーター・ケント。

▶教会の礼拝後にコカ・コーラを飲む女性たち。最低限の収入しか得られない貧しい人びとにとってめったにないことだという（メキシコのチアパ）。

アメリカを最重視

ケントは、最終的には会社のトップにのぼりつめ、CEOになり、会長にもなった。彼は国際企業のリーダーとして、会社のすべての決定は自らの「グローバルフィルター（世界的な視野に立った見方）」をとおすという。たとえば、だれかがポーランドに向けたすばらしいアイディアを提案した場合、彼はアメリカにもそのアイディアを適用するにはどうしたらよいかを考えるという。そんな彼はいま、コカ・コーラ社の本社があるアメリカでの事業の成長を一番強く望んでいる。なぜなら、アメリカは2014年現在も人口が増えているからで、また、人びとは新しいもの好きだからであるという。彼が「Vision2020」（⇒26）を発表したのには、こうした背景があるのだ。

ケントの自信

アメリカとメキシコで、コカ・コーラは肥満の元凶だと強く批判されている。これに対してケントは、コカ・コーラ社は多くの製品でカロリーを減らしている、消費者がさまざまな製品を選べるようにしている、と主張している。

自らの事業拡大戦略に自信をしめし、「**わたしたちは喜びの瞬間を数セントで売っていますが、それは1日に何億回にものぼるのです**」と語った。

「**ファンや顧客にとって、選択肢があるのはよいことです。わたしたちは、炭酸飲料、ジュース、お茶、コーヒー、スポーツドリンクなど、多くの飲料を流通させています。カロリーも、高いものや低いもの、ノンカロリーのものもあります**」

ムーター・ケント
（コカ・コーラ社CEO）
2011年11月16日

覚えておこう！
スタッフ教育

コカ・コーラ社にはスタッフ教育のプログラムがある。会社じゅうから「希望の星」を選びだし、世界各国で特別な役目につかせるのだ。アメリカで働く市場調査員が、アジアやヨーロッパにおけるジュース戦略を立てることをまかされる可能性もある。社員を楽な環境から引っぱりだして、新しい技術を学ばせることで、つぎのビジネスリーダーを見いだすのだ。

12 「Vision2020」とコカ・コーラ社の将来

「Vision2020（2020年構想）」とは、2010年から2020年にかけてビジネス規模を2倍にすると同時に、より地球環境へのやさしさを促進しようとする、コカ・コーラ社の計画だ。

▲ドイツ・ベルリンのコカ・コーラ製造工場。フォークリフトは、液体水素燃料電池で動く。

ビジネス規模は2倍になるのか？

地球環境へのやさしさを最優先事項とするコカ・コーラ社は、フォークリフトなどの動力に液体水素燃料電池を採用。それによって工場のエネルギー消費量は30〜35％減らすことができるという。

2020年までには「ウォーター・ニュートラリティー（製品につかったのと同じ量の水を自然に還元すること）」を実現することを目ざしている。そのために水の使用量を減らし、一方で、雨水の貯水を進める計画だ。

人口が増えれば、コカ・コーラの需要は高まるという。現在もっとも成長しているコカ・コーラの市場のひとつは中国だ。実際中国では、コカ・コーラ社の飲料の人気がどんどん高まっている。一方、中国の環境対策は、水問題（⇒P22）ばかりか、大気汚染、土壌汚染など、あらゆる面で深刻な状態だ。そうした中国で、コカ・コーラ社は積極的にCSR（⇒P22）を進めることができるのか。もとより「Vision2020」に、よい影響をあたえられるのだろうか。

ソーシャルメディア・マーケティング

最近になって、企業のメッセージを広める方法として、ソーシャルメディア・マーケティングが注目されている。コカ・コーラ社も、最新のメディアと情報技術（IT）を駆使したソーシャルメディア・マーケティングをおこなっている。戦略の例には、つぎのようなものがある。

- 調査する（Reviewing）：マーケティングの担当者が、コカ・コーラ社のブログなどで消費者がどのようなコメントをしているかをチェックする。
- 回答する（Responding）：ブログ上で消費者からの質問に答えたり、チャットでコメントしたりする。
- 記録する（Recording）：ソーシャルメディアのユーザーに役立つ情報を提供できるようなコンテンツを記録する。

このようにして、ITを利用して消費者とつながり、彼らのアイディアなどを得ていくというのだ。いいかえれば、インターネットをとおして消費者の質問などに回答していくうちに、社員と消費者とのあいだに個人的なつながりをつくっていくのだ。

もし本当にコカ・コーラ社がこのようなきめ細かいマーケティングをおこなっていくとすれば、「Vision2020」も現実味をおびてくるかもしれない。

> **覚えておこう！**
>
> **次世代型自動販売機**
>
> 新しい自動販売機「フリースタイル」をデザインしたのは、スポーツカーのフェラーリを製造するイタリアのピニンファリーナ社。この自動販売機では、コカ・コーラをはじめとする炭酸飲料やスポーツドリンクなどのベースドリンク約14種類と、約10種類のフレーバーを自由にまぜあわせることで、100種類以上のドリンクを楽しむことができる。フリースタイルはインターネットにつながっており、販売したドリンクのデータがコカ・コーラ社に送られている。これによって、コカ・コーラ社はどの飲みものが一番人気かを知ることができる。

▶ 2009年に新しく登場した、コカ・コーラのフリースタイル・ソフトドリンクマシーン。2011年には日本にも導入され、日本1号機が羽田空港に設置された。

コカ・コーラをとおして考えるグローバリゼーション

「グローバリゼーション」を英語で書くと、globalizationとなる。グローバル（global）とは「地球の」という意味で、グローバリゼーションは、企業活動などが地球規模でおこなわれたり、文化や食生活など、さまざまなものが世界規模で広がったりすることをさす。

経済のグローバリゼーション

「グローバリゼーション」という言葉がさかんにつかわれはじめたのは、1980年代に入ってからだ。当時、アメリカやヨーロッパ、日本などの先進国の大企業がいろいろな国に支社をつくり、国境をこえた経済活動をおこなうようになった。これらは「多国籍企業」とよばれた。コカ・コーラ社もそのひとつだ。そうした企業によって経済のグローバリゼーションが進み、世界じゅうでまったく同じ商品が売られるようになった。

多国籍企業とは？

「多国籍企業」とは、文字どおり多くの国にまたがって経営を展開する大企業のこと。多国籍企業は、海外に子会社を設立する。コカ・コーラ社が各国に子会社をもち、製品を製造・販売しているのもその例だ。

多国籍企業には、アメリカのマクドナルド、マイクロソフト、ヨーロッパのボーダフォン（携帯

▼世界のさまざまな言語で表記したコカ・コーラの限定缶。2014年FIFAワールドカップブラジル大会を記念して発売された。

写真：アフロ

電話)、シャネル(ファッション産業)、ルノー(自動車会社)などがあり、日本ではトヨタ自動車、ソニー、キヤノンなどが有名だ。

さまざまなグローバリゼーション

グローバリゼーションという言葉は、もとはおもに経済や貿易の分野でつかわれていたが、いまでは、さまざまな分野でつかわれている。インターネットなどの通信技術が発達し、世界じゅうで同時に同じ情報が入手できるようになったことが、グローバリゼーションが発達した背景にある。これは「情報のグローバリゼーション」だ。また、アメリカの映画が世界で人気を集めたり、日本のアニメがアジアなどで人気となったりするのは、「文化のグローバリゼーション」だといえる。

「食のグローバリゼーション」も起こっている。アメリカ式のファストフード店が世界じゅうにできたり、イタリアを起源とするパスタ料理が世界じゅうでつくられたりしている。コカ・コーラが全世界で一番多く飲まれているのも、グローバリゼーションの最たる現象である。

グローバリゼーションの問題点

あらゆる分野でのグローバリゼーションが進むなか、グローバリゼーションを疑問視する人も多くなってきた。グローバリゼーションが進むにつれて各国の伝統的な文化が失われてきたからだ。ジーンズとTシャツといった服装が世界的に普及したことで、各国の民族衣装が着られなくなった。また、ファストフードによる食のグローバリゼーションが進んだことで伝統的な食文化が失われつつある。

グローバリゼーションは、各国で長いあいだつちかわれてきた伝統文化を失わせている。コカ・コーラの発展が何かを失わせてはいないだろうか。

▲インドのまちなかのようす。伝統的な民族衣装を着ている人もいれば、洋服姿の人もいる。

▲日本では、伝統的な和食以外に世界各国のさまざまな料理が気軽に食べられるようになってきている。パスタも人気料理のひとつだ。

コカ・コーラ社の全体像

19世紀末のアメリカでは、薬剤師などが自らの開発した治療薬を発売することができた。一方、1867年に炭酸水の製造法が発明されたことから、いろいろな薬と炭酸水がまぜられることが多くあった。コカ・コーラは、こうした時代に誕生したのだ。

■もともとの歴史

- ジョン・ペンバートンは、南北戦争で負傷した際にモルヒネを使用したことから、モルヒネ中毒になっていたといわれている。彼は、中毒をなおすためにコカインをつかった薬用酒を開発。それがきっかけとなり、1886年にコカ・コーラを発売した。
- ペンバートンは、コカ・コーラの販売で成功したが、自身は健康を害していたため、販売の権利を売却。その権利は何度か転売された末、1888年にエイサ・キャンドラー（のちのアトランタ市長）の手にわたった。キャンドラーはペンバートンの息子らなどとともに、ザ コカ・コーラ カンパニー（コカ・コーラ社）を設立した。
- 1899年に弁護士のベンジャミン・トーマスとジョセフ・ホワイトヘッドが、キャンドラーからコカ・コーラのボトリングの権利を取得。それぞれがボトリング会社を創立した。その会社がさらに国内外のボトリング工場（現地ボトラー）と契約することで、コカ・コーラは広く普及した。
- 1919年に投資家のアーネスト・ウッドラフがキャンドラーからコカ・コーラの商標と事業を買収。このため公式には、コカ・コーラ社の設立は1919年となっている。

■現在のコカ・コーラ社

- 本　　社：アメリカ、ジョージア州アトランタ
- 日本法人：日本コカ・コーラ株式会社
　　　　　　（コカ・コーラ社の孫会社）
- 事業内容：ノンアルコール飲料の
　　　　　　原液・シロップの製造、流通、販売

▲コカ・コーラ社の売上高推移（2009～2013年）。

さくいん

ア

- アーネスト・ウッドラフ ・・・・・・・・・・・・・・・ 8,9,30
- iTunes ・・・・・・・・・・・・・・・・・・・・・・・・・・・・・・・ 13
- アップル社 ・・・・・・・・・・・・・・・・・・・・・・・・・・・・ 13
- アフリカ系アメリカ人 ・・・・・・・・・・・・・・・・・・ 10
- アムステルダムオリンピック ・・・・・・・・・・・・ 12
- 「アメリカン・アイドル」 ・・・・・・・・・・・・・・・・ 13
- インカ・コーラ ・・・・・・・・・・・・・・・・・・・・・・・・ 17
- インターネット ・・・・・・・・・・・・・・・ 13,15,27,29
- Vision2020 ・・・・・・・・・・・・・・・・・・・ 24,25,26,27
- ウェンディ・クラーク ・・・・・・・・・・・・・・・・・・ 15
- ウォーター・ニュートラリティー ・・・・・・・・ 26
- エイサ・キャンドラー ・・・・・・・・・・・・・・・ 7,8,30
- エナジーブランド社 ・・・・・・・・・・・・・・・・・・・・ 20
- エンターテインメント産業 ・・・・・・・・・・・ 12,13
- オリンピック ・・・・・・・・・・・・・・・・・・・・ 10,12,17

カ

- ガラナ ・・・・・・・・・・・・・・・・・・・・・・・・・・・・・・・・・ 5
- 環境問題 ・・・・・・・・・・・・・・・・・・・・・・・・・・・ 20,21
- カンザス計画 ・・・・・・・・・・・・・・・・・・・・・・・・・・ 17
- 企業の社会的責任（CSR） ・・・・・・・・・ 22,23,26
- キャッチコピー ・・・・・・・・・・・・・・・ 7,9,10,11,17
- キヤノン ・・・・・・・・・・・・・・・・・・・・・・・・・・・・・・ 29
- クー ・・・・・・・・・・・・・・・・・・・・・・・・・・・・・・・・・・ 17
- グリーンウォッシング ・・・・・・・・・・・・・・・・・・ 23
- グローバリゼーション ・・・・・・・・・・・・・・・ 28,29
- グローバルフィルター ・・・・・・・・・・・・・・・・・・ 25
- クロスメディアキャンペーン ・・・・・・・・・・・・ 15
- ケイナーン ・・・・・・・・・・・・・・・・・・・・・・・・・・・・ 15
- ゲイリー・ワイガント ・・・・・・・・・・・・・・・・・・ 21
- ケイレブ・ブラッドハム ・・・・・・・・・・・・・・・・ 14
- コーク ・・・・・・・・・・・・・・・・・・・・・・・・・・・ 5,11,17
- コーラ ・・・・・・・・・・・・・・・・・・・・・・・・・・・・・・・・・ 5
- コーラ戦争 ・・・・・・・・・・・・・・・・・・・・・・・・・・・・ 14
- コーラの実 ・・・・・・・・・・・・・・・・・・・・・・・・・・・ 5,6
- コカイン ・・・・・・・・・・・・・・・・・・・・・・・・・・・・ 6,30
- コカ・コーラ ・・・・・・・・・・・・・・・・・ 4,5,6,7,8,9,10,
  11,12,14,15,16,17,
  18,19,20,21,23,24,
  25,26,27,28,29,30
- コカ・コーラ クラシック ・・・・・・・・・・・・・・・・ 17
- コカ・コーラシステム ・・・・・・・・・・・・・・・・・ 8,24
- コカ・コーラ社 ・・・・・・・・・・・・・・・ 4,7,8,9,10,11,
  12,13,14,15,16,17,
  18,19,20,21,22,23,
  24,25,26,27,28,30
- コカ・コーラシロップ（原液） ・・・・・・・・・・・ 6,8
- コカ・コーラ ゼロ ・・・・・・・・・・・・・・・・・・・・・・ 20
- コカの葉 ・・・・・・・・・・・・・・・・・・・・・・・・・・・・・・・ 6
- 国連食糧農業機関（FAO） ・・・・・・・・・・・・・・ 14
- 『子供之友』 ・・・・・・・・・・・・・・・・・・・・・・・・・・・・ 9

サ

- 最高経営責任者（CEO） ・・・・・・・・・・・・ 17,24,25
- サイモン・バルドリー ・・・・・・・・・・・・・・・・・・ 13
- サムズアップ ・・・・・・・・・・・・・・・・・・・・・・・・・・ 17
- サンタクロース ・・・・・・・・・・・・・・・・・・・・・・・・・ 9
- ジェームズ・ウィートリー ・・・・・・・・・・・・・・・ 4
- シェル・ファン ・・・・・・・・・・・・・・・・・・・・・・・・ 21
- シャネル ・・・・・・・・・・・・・・・・・・・・・・・・・・・・・・ 29
- ジョー・グリーン ・・・・・・・・・・・・・・・・・・・・・・ 10
- ジョセフ・ホワイトヘッド ・・・・・・・・・・・・・ 8,30
- ジョン・ペンバートン ・・・・・・・・・・・・・・・ 6,7,30
- スタッフ教育 ・・・・・・・・・・・・・・・・・・・・・・・・・・ 25
- スプライト ・・・・・・・・・・・・・・・・・・・・・・・・・・・・ 11
- スポーツ大会 ・・・・・・・・・・・・・・・・・・・・・・・・・・ 12
- 世界自然保護基金 ・・・・・・・・・・・・・・・・・・・・・・ 22
- 全米プロバスケットボール協会 ・・・・・・・・・・ 13
- ソーシャルメディア・マーケティング ・・・・ 27
- ソニー ・・・・・・・・・・・・・・・・・・・・・・・・・・・・・・・・ 29

タ

- ダイエット コカ・コーラ ・・・・・・・・・・・・・ 16,17
- ダイエットペプシ ・・・・・・・・・・・・・・・・・・・・・・ 16
- 第二次世界大戦 ・・・・・・・・・・・・・・・・・・・・・・・ 8,10
- 多国籍企業 ・・・・・・・・・・・・・・・・・・・・・・・・・・・ 4,28
- ダサニ ・・・・・・・・・・・・・・・・・・・・・・・・・・・・・・・・ 17
- タブコーラ ・・・・・・・・・・・・・・・・・・・・・・・・・・・・ 11
- ツール・ド・フランス ・・・・・・・・・・・・・・・・・・ 13
- 伝統文化 ・・・・・・・・・・・・・・・・・・・・・・・・・・・・・・ 29
- 東西冷戦 ・・・・・・・・・・・・・・・・・・・・・・・・・・・・・・ 16
- ドナルド・キーオ ・・・・・・・・・・・・・・・・・・・・・・ 17
- トヨタ自動車 ・・・・・・・・・・・・・・・・・・・・・・・・・・ 29

ナ

- NASCAR ・・・・・・・・・・・・・・・・・・・・・・・・・・・・・・ 13
- 日本コカ・コーラ株式会社 ・・・・・・・・・・・・・・ 30
- ニュー・コーク ・・・・・・・・・・・・・・・・・・・・・・・・ 17
- ネスレ ・・・・・・・・・・・・・・・・・・・・・・・・・・・・・・・・ 17
- ネビル・イズデル ・・・・・・・・・・・・・・・・・・・・・・ 24

ハ

- ハイチ・ホープ・プロジェクト ・・・・・・・・・・ 22
- ハッドン・サンドブロム ・・・・・・・・・・・・・・・・・ 9
- バルセロナオリンピック ・・・・・・・・・・・・・・・・ 12
- パワーエイド ・・・・・・・・・・・・・・・・・・・・・・・・・・ 17
- ビル・バッカー ・・・・・・・・・・・・・・・・・・・・・・・・ 11
- ファンタ ・・・・・・・・・・・・・・・・・・・・・・・・・・・・・・ 11
- FIFAワールドカップ ・・・・・・・・・・・・・・・・・ 13,15
- FIFAワールドカップブラジル大会 ・・・・・・ 28
- ブラック・エンターテインメント・テレビジョン ・・・・・・・・・・・・・・・・・・・・・・・・・・・・・・・・・・・・・・・ 13
- フランク・ロビンソン ・・・・・・・・・・・・・・・・・・・ 6
- フリースタイル ・・・・・・・・・・・・・・・・・・・・・・・・ 27
- フレスカ ・・・・・・・・・・・・・・・・・・・・・・・・・・・・・・ 11
- ペットボトル ・・・・・・・・・・・・・・・・・・・ 11,20,21,23
- ペプシコーラ ・・・・・・・・・・・・・・・・・・・・・ 5,9,14,17
- ペプシコ社 ・・・・・・・・・・・・・・・・・・・・・・・・ 14,16,17
- ペプシチャレンジ ・・・・・・・・・・・・・・・・・・・・・・ 14
- ベルリンオリンピック ・・・・・・・・・・・・・・・・・・ 12
- ベンジャミン・トーマス ・・・・・・・・・・・・・・・ 8,30
- ボーダフォン ・・・・・・・・・・・・・・・・・・・・・・・・・・ 28
- ボトリング ・・・・・・・・・・・・・・・・・・・・・・・・・・ 16,30
- ボトリング会社 ・・・・・・・・・・・・・・・・・・・・・・ 20,30
- ボトリング権 ・・・・・・・・・・・・・・・・・・・・・・・・・・・ 8
- ボトリング工場 ・・・・・・・・・・・・・・・ 16,18,19,22,30
- ボトル ・・・・・・・・・・・・・・・・・・・・・・・・・ 4,11,21,23

マ

- マーケティング ・・・・・・・・・・・・・・・・・・・ 10,15,27
- マーザ ・・・・・・・・・・・・・・・・・・・・・・・・・・・・・・・・ 17
- マイクロソフト ・・・・・・・・・・・・・・・・・・・・・・・・ 28
- マクドナルド ・・・・・・・・・・・・・・・・・・・・・・・・・・ 28
- ミニッツメイド社 ・・・・・・・・・・・・・・・・・・・・・・ 11
- ムーター・ケント ・・・・・・・・・・・・・・・・・・・ 24,25

ヤ

- 4つのR ・・・・・・・・・・・・・・・・・・・・・・・・・・・・・・・ 21

ラ

- リサイクル ・・・・・・・・・・・・・・・・・・・ 11,19,20,21,23
- リムカ ・・・・・・・・・・・・・・・・・・・・・・・・・・・・・・・・ 17
- ルートビア ・・・・・・・・・・・・・・・・・・・・・・・・・・・・ 17
- ルノー ・・・・・・・・・・・・・・・・・・・・・・・・・・・・・・・・ 29
- ロイヤルクラウン・コーラ ・・・・・・・・・・・・・・・ 5
- ロゴマーク ・・・・・・・・・・・・・・・・・・・・・・ 4,6,9,10,12
- ロサンゼルスオリンピック ・・・・・・・・・・・・・・ 12
- ロバート・ウッドラフ ・・・・・・・・・・・・・・・・・ 9,12
- ロベルト・ゴイズエタ ・・・・・・・・・・・・・・・・・・ 17
- ロンドンオリンピック ・・・・・・・・・・・・・・・ 12,13

■ **原著／カス・センカー**

25年間の作家活動で、120冊以上の子ども向けの本を執筆している。主な執筆分野は歴史、地球規模の社会問題、世界の宗教、人文地理学、環境問題など。

■ **翻訳／稲葉茂勝**（いなば・しげかつ）

1953年東京生まれ。東京外国語大学卒。編集者としてこれまでに800冊以上を担当。そのあいまに著述活動もおこなってきている。おもな著書には、『大人のための世界の「なぞなぞ」』『世界史を変えた「暗号」の謎』（共に青春出版社）、『世界のあいさつことば』（今人舎）、『世界のなかの日本語』シリーズ1、2、3、6巻（小峰書店）、『いろんな国のオノマトペ』（旺文社）などがある。

■ **編集／こどもくらぶ**

あそび・教育・福祉・国際分野で、毎年100タイトルほどの児童書を企画、編集している。

■ **企画・制作・デザイン／株式会社エヌ・アンド・エス企画**
吉澤光夫

この本の情報は、特に明記されているもの以外は、2014年9月現在のものです。

■ **写真協力**（掲載順）

Acknowledgements: The author and publisher would like to thank the following for allowing their pictures to be reproduced in this publication: Cover image: Keystone/TopFoto.co.uk; 4 Shutterstock; source:www.rzuser.uni-heidelberg.de/~el6/presentations/pres_c2_hoa/CCSalesfigures 5 Ahmad Yusni/AFP/Getty Images; 6, 7 Sean Pavone/123RF.COM; © dyvan - Fotolia.com; © michelealfieri - Fotolia.com; UPPA/Photoshot; 8 Bettman/Corbis; 9 The Coca Cola Company Hand Out/DPA/Corbis; 10 Robert Maass/Corbis; 11 Picture Alliance/Photoshot; 12 Gideon Mendel/In Pictures/Corbis; 13 Chris Graythen/Getty Images; 14 Gideon Mendel/Corbis; 15 Greg Wood/AFP/Getty Images; 16 Getty Images; Caro/Alamy; 17 source:www.statista.com/statistics/216888/global-market-share-of-coca-cola-and-other-soft-drink-companies-2010/; 18 2005 ©Sean Sprague/The Image Works/TopFoto; 19 Raveendran/AFP/Getty Images; 20 Bloomberg via Getty Images; 21 Infographic The Coca Cola Company; 22 STR/Reuters/Corbis; 23 Getty Images; 24 STR/AFP/Getty Images; 25 ©Jack Kurtz/The Image Works/TopFoto; 26 Keystone/TopFoto.co.uk; 27 © Photoshot; 29 © Donyanedomam | Dreamstime.com; 30 RobHainer; source: assets.coca-colacompany.com/d0/c1/7afc6e6949c8adf1168a3328b2ad/2013-annual-report-on-form-10-k.pdf.

BIG BUSINESS series / Coca-Cola by Cath Senker
First published in 2012 by Wayland
Copyright © Wayland 2012
Wayland
338 Euston Road, London NW1 3BH
All rights reserved
Japanese translation rights arranged with Hodder and Stoughton Limited on behalf of Wayland, a division of Hachette Children's Books through Japan UNI Agency, Inc., Tokyo

「はじめに」の答え
①○ ②○ ③○ ④○ ⑤○ ⑥× ⑦○ ⑧○ ⑨× ⑩○

知っているようで知らない会社の物語 **コカ・コーラ**

2014年11月28日　初版第1刷発行　　　　　　　　　　　　　NDC672

発　行　者　　竹内淳夫
発　行　所　　株式会社 彩流社
　　　　　　　〒102-0071 東京都千代田区富士見2-2-2
　　　　　　　電話　03-3234-5931
　　　　　　　FAX　03-3234-5932
　　　　　　　E-mail　sairyusha@sairyusha.co.jp
　　　　　　　http://www.sairyusha.co.jp

印刷・製本　凸版印刷株式会社

※落丁、乱丁がございましたら、お取り替えいたします。
※定価はカバーに表示してあります。

© Kodomo Kurabu, Printed in Japan, 2014

275×210mm　32p
ISBN978-4-7791-5002-9　C8330

本書は日本出版著作権協会（JPCA）が委託管理する著作物です。複写（コピー）・複製、その他著作物の利用については、事前にJPCA（電話03-3812-9424、e-mail:info@jpca.jp.net）の許諾を得て下さい。
なお、無断でのコピー・スキャン・デジタル化等の複製は著作権法上での例外を除き、著作権法違反となります。